季 节 的 流 转

茶 室 的

好日日

茶室的色彩

（日）森下典子　著

王春梅　译

辽宁科学技术出版社

·沈阳·

篇首语

第一次踏入"茶"道场，是四十多年前的事情了。

在最初的一年里，我每周、每次都会被震撼到。

每次去道场的时候，都会听到闻所未闻的花朵名称，欣赏到见所未见的宝物般的茶具，品尝到尝所未尝的既美丽又美味的日式点心。

每次一边被震撼，一边心中都这样想着。

（我要这么大惊小怪到什么时候啊！能让我感到震撼的元素，到底还有多少啊！）

最初的这一年，四季完成了一个循环，但是花、道具、日式点心竟然就这样持续不断地变化了一整年。这也导致我就这么每周每周地被震撼了一整年。不仅如此！第二年，季节已经进入了另一次轮回，但惊喜还是不断地迎面而来。

难道这就是季节吗？

逝者如斯夫，不舍昼夜。

稽古场里的茶具，总是比季节的到来略早一步。这让我能以须臾的优势，早一些感受到即将到来的美好事物。

壁龛里摆放的花瓶中，插着从没见过的花。

"这个花叫作贝母，这个是食虫草。"

我的茶道老师武田先生，每周都会教我各种花的名字。

"茶室里摆放的花，叫作茶花。"

直到这时我才顿悟到，原来除了以前我知道的花以外，还有另外一个别开生面的"花花世界"。

至于点心，也同样存在着另一个世界。每当打开摆在我面前的点心盒子，我都禁不住会感叹一声："哇，好漂亮！"能在一瞬间让人感受到幸福的日式点心，不仅赏心悦目，更能取悦我的口齿唇舌。

但是，无论我多期待"再吃一次那款点心！"，都无法在下周与熟知的点心重逢。打开点心盒盖的时候，呈现在眼前的又是一款崭新的点心。而这一款崭新的点心，也同样色香俱全，让人念念不忘。

装抹茶的"茶枣（小茶罐）"，装水的"建水"，放香的"香盒"，摆壶盖和茶勺的"盖置"……这些明明只是容器和架子，但就是宛如小小的艺术品一样精美。

茶碗的颜色淡雅优美，上面有技师精心描绘出的图案。

打开漆黑的茶枣盖子，盖子内侧竟然出现了描金画。

香盒也好，盖置也罢，小小的物件里凝聚着匠心和童趣。

在一个又一个道具中，凝结着季节的瞬间。

四下散落的樱花瓣、随风扬起的柳条、草间鸣叫的昆虫、竹子上面的积雪，当这些道具组合在一起，就会在稽古场里呈现出四季的变迁。我分明感受到了季风吹拂，感受到了河川荡漾，感受到了细雨呢喃。

有很多茶客在观赏到这些美好的道具以后，交头接耳地诉说着"真美好啊！我也想要这样的茶具"的心声。

但与他们不同，我却想着……

（把它们画下来，变成自己的东西吧！）

我从小就喜爱绘画。美丽的小花、壮丽的风景，都能让我情不自禁地想赶紧回家摊开素描本。

我想把自己喜爱的道具摆在面前，仔细观察，感受形色和触感，然后用画笔把它们表现出来。只要画下来，它们就成了自己的东西。

在《日日是好日》的续篇中，登载了多款手绘茶具和点心的插图。从那以后，我想绘画的念头就再也停不下来了。

我想，如果把自己喜爱的道具、茶花、点心画出来，编辑成册也不错。我希望可以永远地，把一期一会的稽古光阴留存下来……

目录

夏 "水" 美

冬　观"火"

一年伊始

初釜的清晨

荡漾起满目清澈

金银岛台茶碗

把茶入装在
竹蔓缎子仕覆里。

山茶花与梅花
在水灵灵的青竹花瓶中，
红色的梅花与白色的山茶花
交相辉映。

华丽、欢腾

常盘馒头

掩盖在雪色之下的松绿色，新鲜而柔嫩。

享受膳食。

喝一点点酒。

初釜的清晨

初次参加"初釜"，是二十岁的时候。

清早前往先生家，只听到远处厨房里传来的声音，稽古场里却不见一个人影。

那个小小的空间中，充满了不可思议的静寂。这个空间中空气的流动都好像变得缓慢。在一道澄清的光线里，飘浮着山间小屋里常有的炭味。

向前望去，目光落在壁龛里的青竹花瓶上，里面装饰着山茶花，叶片水灵灵的。柳条被盘成了宽阔的环形，倒影投射在壁龛上，好像水中的涟漪……

新年致辞，炭点茶法，然后是搭配酒水的新年料理……

各种事物看起来都很新鲜。

餐食刚刚结束，面前就摆上了5层的黑色"缘高"点心盒。这是主果子。掀开盖子以后，白色的"小馒头"映入眼帘。我想啊，里面应该就是普通的红豆馅。

但切开"小馒头"，一片鲜嫩的绿色突然跳入了我的眼帘。

这叫作"常盘馒头"。如此甘甜的上乘馅料，搭配上山芋揉和而成的小馒头皮的软糯，这种口感无法形容……

浓茶点茶开始了。

静寂之中，我听到煮沸了壶里热水的松间清风的声音，还有点茶的人走动时衣服摩擦的声音。金色"岛台茶碗"里，是一抹典雅的绿色抹茶。壶里的水已经冒出了白色水雾，热水被咚咚咚地倒了出来。

茶筅缓缓绕动，然后抹茶突然醒了过来似的，把茶香扬到了周遭的空气中。

浓郁美艳的浓茶味，与萦绕在舌尖的"小馒头"味混合在一起，先是微甜，后是略苦，喘息之间香浓、醇厚和美味接踵而来。当味道终于离开舌尖，才惊觉不知何时唾液已经变得清爽而甘甜。

浓茶结束以后，稽古场的氛围为之一变。

一个人一个人有序地从席间起身，拿着自己属相的茶碗来做薄茶点茶。席间的氛围忽然被打破，彼此之间洋溢着笑声。

隆冬的午后，朦胧的白色光线，不知何时已经越过屏障，照进了稽古场里面。

风花

壶里升起洁白的水汽

四村

恍惚于美色当中。

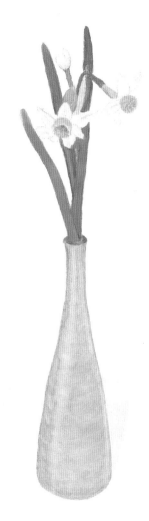

水仙

在寒风中顽强地开放。

芜菁的硕大与温和。

风花

手指被蹲踞（日本茶庭中用于洗手和漱口的必备品）里的凉水刺到抽搐。

即便如此，打开稽古场的房门，就能感受到里面的温暖气息扑面而来。

"你来了！我正要开始点茶呢。快把点心拿出来。"

先生一边说，一边跟点茶的人说："点茶的时候多用点热水，天气冷的时候，暖和的东西比什么都可口。"

壶口冒出的白色水汽，像旋涡一样腾腾升起。把柄勺沉入水底，然后慢慢提上来，盛着热气和热水一起移至茶碗上方。热水发出圆润的声音，跳进宽口的茶碗中。

用手包裹住茶碗，缓缓转动里面的茶汤……

看到这样的场景，不知不觉心里就暖和起来了。

春　　"光"　始

不苦者有知

早春尚浅，
但春光渐明

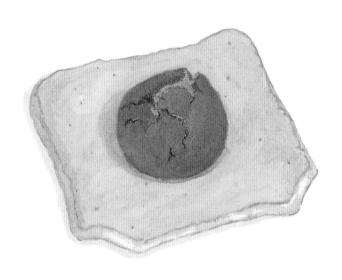

下萌
预感到春芽在萌生。

春分时节的豆子点心福豆

带着盒子摆出来，童心未泯。

不 苦 者 有 知

初次见到大津绘这幅作品时，我马上就要二十一岁了。

在这幅画着鬼怪的画上，写着"不苦者有知"这五个字。

"那么，这个应该怎么读呢？"

先生把这个谜题抛给我们的时候，眼睛里闪过淘气的光。

"……"

众人歪头冥想，却久久得不出答案。

反而是先生，嗤嗤偷笑，读出"FU KU HA U CHI"。

"啊，这样读啊！"

我们不约而同地点头称赞。但先生却说："但是呢，我觉得也可以这么读。"

"不觉苦者，方有知。"

每年春分时节，

这幅绘画作品就会登场。

梅一轮

专心致志的香气

镰仓雕刻的茶器
表面雕刻着一圈梅花。

它是在为数不多的梅花茶碗中我最喜欢的一个。

能稳稳地握在手心里。

梅 一 轮

花是用来看的。从前，我一直这么想……

与外观相比，花的意义更多地存在于香气里。直到年近四十，我才明白这件事情。

刚刚立春没多久，春寒料峭。走在夜晚的小路上，耳边的春风像千刀拂过般锐利。

就在这样一个偶然路过的春夜中，有那么一瞬间，我闻到了丝丝柔和而甘甜的香气。

……是我想多了？

但没想到的是，我竟然真的走进了一片眼睛看不到的香气中。

不知这股香气从哪里来，也不知这是什么的香气，但那种柔和而甘甜的香气，确实触动了我的心灵。

我沿着幽暗的小路继续向前，在尽头发现了一棵大树。这时候，我才知道香气的源头就是这棵大树。

（梅花树……）

笔直伸向天空高处的枝条上，结满了在夜色中熠熠生辉

白瓷梅香盒

心情荡漾在这份华丽当中。

的白色小花。

"这原来，是梅花香……"

一旦知道真相，人就会跟这个真相产生连接。从我与梅花产生连接的那个晚上开始，无论身处何地都仿佛能闻到梅花的芬芳。

就算关紧了房间的窗户，也能感觉到不知从哪里钻进房间的，悠悠然、轻飘飘、弥漫在空气中的梅花香。

这种清澈的香甜，来自寒冷的最深处，是"春天的预兆"。

薄冰

严寒开始瓦解

雪中鸳鸯茶碗

雪后初晴。

这款茶碗一出现，就引得大家会心一笑。

山茶花与伊予水木

茶道当中，通常使用山茶花的花蕾来作为装饰。

只有个别品种的茶花，会使用盛开的花朵。

薄 冰

来到公园散步，看到水面上的冰已经开始在阳光下消融，然后懒散地随着水光摇曳。

小时候，只要发现水坑里的浮冰，就一定会用鞋尖踩住冰面，然后感受冰在脚下啪的一声裂开的感觉。

说到这里，忽然又记起，那是什么时候的事情？先生从富山买到的这种干点心。

"这个就叫作'薄冰'。"我开盖看的时候，发现店家特意包裹了纯棉内衬，以防止点心碎掉。

看起来，只不过是薄薄的白色仙贝。随机切开，每一片都像刀刃一样纤薄。仔细看看，会发现表面上涂了些什么东西。

用手捏起一片，用嘴巴咬住边角的地方。哦，是和三盆糖的微甜……

舌头稍一用力，白色的"薄冰"就在压力之下发出清脆的断裂声，然后渐融于口腔之中。

薄冰

脆弱，微甜……

明月

春季的正式登场，
从黄色开始

春野的水指
不知不觉，遍地野花盛开。

"利休忌"的时候，
壁龛里一定是菜花。

明 月

"春季"，可并不是只有一个。

有"梅之春""桃之春""樱之春"……春季，数量众多。

就连那一整面土墙，也有被菜花染成嫩黄色的春天。

这个季节，稽古场会举行"利休忌"。

"利休先生自尽的那天，壁龛里就摆放着菜花。所以，这一天一定要摆放菜花。"

先生这么说。

而搭配利休忌的点心，是"明月馒头"。

我很喜欢这款"明月馒头"。虽说是蒸出来的黄色点心，但出锅之后需要剥掉外面的薄皮。剥掉薄皮以后，点心表面留下的撕痕很像松散的绒毛。而这个外形蓬松的黄色小馒头，在我的眼里仿佛就是悬挂在春霞夜空里的一轮明月。

春寒退去，走在夜晚的小路上，繁星点点一般盛开着的花香气四溢。在这样的春宵里，举头望月，月色明媚。

明月馒头

蓬松的外形很有喜感。

春色烂漫

璨若夜星，流光溢彩

春季的三种干点心
春霞、蝶、水。

萌芽的盖置

万物萌发的时节。

海松贝茶枣

春色烂漫

夜里几度电闪雷鸣，开始下起了温和的春雨。听说还在冬眠的生物，会被这场春雷惊醒，随之开始一段新的生活。

正襟危坐在稽古场的门边，门一打开，就能看到明媚的阳光洒在水面上，跳跃着晃人眼睛。这是春光啊。好像感受到了越来越明亮的光芒。茶花的叶子也露出润玉一样的光泽。茶笕头上流淌出潺潺水声，今天听起来格外悦耳……伸手接过柄勺里倒出来的水，本以为会冻手，但却只感受到了沁人心脾的凉爽。

不经意间抬头望去，发现庭院的石头缝里，小小的福寿草已经开出了花朵。在假山周围，稻槎菜和野豌豆等俨然已经搭建起了一座小花园。

抬起视线，发现门边的山茱萸树竟然也开花了。就连银柳的银色毛毛，也在熠熠发光。

初釜的时候，明明庭院里的树木还死气沉沉，可怎么转眼之间，大家就都向风光无限的天空中探出了嫩芽呢。这是都复活了吧！毫不犹豫地，对着树木说：

"你啊，要好好地活着啊！"

菜花田

从颜色中感受春意。

花岚

春季的终场

花衣
纤薄的花瓣里，包裹着黄色馅料。

圆窗樱图茶碗
一边喝茶，一边发现飘飘洒洒
的花瓣显露出来。

隅田川香盒

花 岚

"梅花绽放的春天",给人一种岁月静好的感受。而"樱花飘落的春天",却浪漫地挑拨心扉。

就连新闻里,也会热议"还没到开花宣言的时候吗?""什么时候才能赏花啊?"等话题。大家只要谈论起"赏花"和"占座位",就会情不自禁地眉飞色舞起来。

冬眠的小动物从春雷中苏醒过来。而日本人,则是从樱花绽放的那一刻起,不约而同地进入活动期。

这个季节,我总会在稽古结束之后,听到朗朗晴空里飘过一些本来不可能会听到的声响,就好像香槟气泡一样奔腾而热烈。

在满城繁花的时节里,越是接近花岚,越会让人坐立不安。

"今天,总算能去赏花了……"

一边嘴里碎碎念,一边在繁花盛开的樱花树下,踏着积雪般雪白的花瓣,随着人潮亦步亦趋。

年年岁岁花相似,可为什么每一年的樱花都会这样夺人心魄呢?

凋零的岂止是樱花啊！为何感觉自己也要在今年步入终结一样呢？目送着雪白的花瓣随风而去，心里挤满了不舍之情。

在微风拂过的碧空之下，我好像听到了一声又一声的絮语。

"别了……"

万千樱花

借用了松尾芭蕉名句的干点心。

夏　　"水"美

水边

薰风·吹渡

描金画中号茶枣

即将进入萤火虫的季节。

柳叶茶碗
可以看见风在动。

宽口水指

内侧可见碧波图案。

水 边

公园池塘边的柳枝，随风飘扬，水面倒映着蓝天，每一圈涟漪都波光粼粼。水的那一边，是正在盛开的睡莲和燕子花。

来到稽古场，通往院子的纸门大敞四开着。

水台好像近在咫尺，水流声清晰入耳。微风吹过庭院里树枝上的新芽，带来绿色的味道，自然而然地打开了人们的心扉。人心啊，就跟季节一样，一张一闭，就像呼吸一样循环往复，生生不息。

"暖炉"已经被"风炉"取代，八叠大小的稽古场看起来宽阔了不少。这一天，宽口水指吸引了我的目光。漆面盖子从正中间一分为二，用折页连接在一起。

在茶碗里刷好了抹茶以后，打开水指的盖子，就好像折页门一样，盖子能被翻开、放平。而翻开以后的样子让人不禁发出"啊"的一声赞叹。盖子下面是盈盈的茶水，而盖子内侧是苇叶图案的描金画。

从这时候到梅雨时节，只是弹指一挥间。但也只有这段时间，才有一年当中最美好的应季水边风光。

入梅

在雨水的浇灌之下，
绿叶欣喜若狂

青梅
在梅树的斑斓树影之下，
可以看到浑圆的梅子果实。

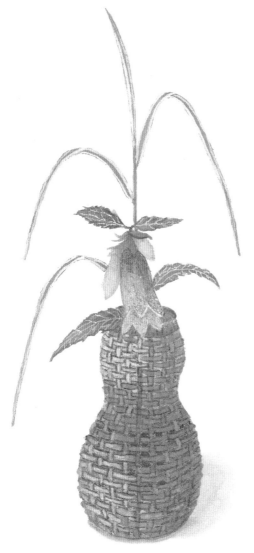

紫斑风铃草与条纹芦苇

盛开在雨季里的紫斑风铃草低着头，看起来可爱而娇羞。

雨滴落在绣球花的叶子上，
演奏起夏季奏鸣曲

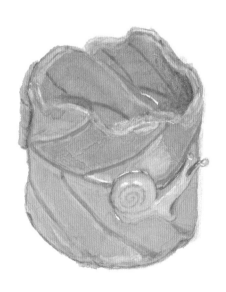

蜗牛图案的盖置

很中意这种
绣球花的色彩。

入 梅

浑圆的梅子果实，从庭院里的梅树枝条下面探出了小脑袋。

"呀，是青梅啊！"

刚入春的时候，绣眼鸟曾在梅树的花香之间呢喃。不知什么时候，花香已经被郁郁葱葱的枝叶取代，摇曳的枝条之间竟然已经结出了如此饱满的果实。

赶紧去厨房取来网篮，钻进枝条的间隙里去摘青梅。

仔细看看手中圆润的青梅，浑圆饱满的外形格外喜人。

正涌起一种想紧紧握住的冲动，我却感到指尖有点痒。

下雨了……

空气变得湿重，让人不觉变得慵懒起来。

周遭的一切，都被从云雨的那一边照过来的霞光染红了。

稽古场的纸门滑道有点发涩，就连抹茶也沾染了湿气，一层又一层地附着在茶勺上。

但是，我很喜欢梅雨时节的稽古场。特别是梅雨时节接近尾声的那段时间，坐在稽古场里，就能听见豆大的雨滴一颗一颗敲在地面的声音。

嘭嘭嘭，似乎有顽童在轻叩帐篷，这是雨滴落在了地面上。那些噼里啪啦的高音，则是雨滴落在绣球花或柿子叶上发出的。远处传来热闹的淅淅沥沥声，那是无数的茶花叶被雨水浇灌到沉醉，发出了欣喜若狂的呐喊。

远近高低各不同，仿佛各种乐器合奏出来的雨声奏鸣曲。

旁边街道上的树叶、公园里的小树林，越来越多的声音从或远或近的地方聚集而来，形成了一片恢宏壮丽的雨声交响乐。这样的雨声，只有在新叶茁壮生长的梅雨期才能听到。

主角都是树叶。叶子们一起演奏了这场雨声交响乐。

七夕

在被晕染了的天边，
能看到无比美好的色彩

竹间流水的茶碗
竹叶婆婆娑娑。

木槿与条纹芦苇

大 爱 七 夕

在我的记忆里，从没有在七夕的夜晚看到过晴空，更没有在七夕的夜空中看到皓月和明星。这时候梅雨尚在，整个天空都在雾气里朦胧着，潮湿的空气服服帖帖地裹在身体上，要是能像脱衣服一样把这层潮湿脱掉就好了。

那是什么时候已经记不清楚了。有一次我刚到稽古场，先生就拿出了一份可爱的小点心。

那是用和三盆做成的小方块干点心，被包裹在竹叶里。那颜色很容易让人联想成套的色卡。

"星光，这个叫星光。"

"……真好看！"

虽然梅雨之气郁积于胸，但我仍然喜欢这个季节。想来，大概是源于点心的美好吧！

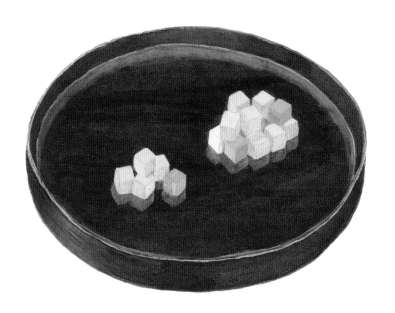

星光

这个时节的点心通常采用淡色搭配。

潮声

梅雨初晴，开海

在冰箱冷藏后品尝，味道更佳。

螃蟹盖置

青海波中次

潮 声

　　梅雨初晴之后，酷暑接踵而至。

　　稽古场的纸门被换成了竹叶门。

　　手接触到蹲踞里的水，不觉惊了一下。水，竟然像温泉水一样温热。

　　庭院里的树木，已经枝繁叶茂了，能让我在耀眼的阳光下觅得一片阴凉。

　　沿着这些树叶之间细碎的缝隙，耀眼的阳光描绘出星光一样斑斓闪耀的树影。

　　稽古场没有空调。坐在稽古场里面，通过竹叶门往外看，庭园里满目清凉。

　　而室内搭配好的成套茶具，给我带来了夏季海滨的感觉。

　　江户切子的蓝水指，一打开茶器盖子就能映入眼帘的青海波纹，还有螃蟹花纹的盖置。

　　"今天，碰巧有点好东西。"

　　先生兴高采烈地从冰箱里取出来的，是蛤蜊。可是打开贝壳，里面竟然是琥珀色的果冻。

　　你听，潮水的声音。

江户切子的水指

酷暑里的海之蓝！

聒耳蝉鸣

酷暑已至，夏将终焉

凉风

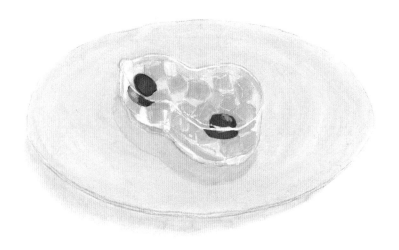

牵牛花

虽然随处可见……

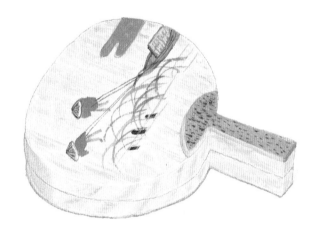

曳舟香盒

是小摇扇的形状。

聒 耳 蝉 鸣

夏季进入尾声的时候，酷暑依然猛烈。蝉，要在不眠不休的鸣叫中过完整个余生。

我常常听到油蝉的叫声。听说它们都聚集在附近的杉木上。

不知道究竟有多少油蝉的小分队，总之好几处蝉叫的声音错落有致地同时响起。声音越来越高亢，慢慢变成了重奏，并且汇成了有节奏的蝉叫声，逐渐把演奏会推向高潮。

忽然，传出来略高一个声调的"吱哇、吱哇吱哇"声。原来是蛁蟟登场，开始了自己的独唱。

大概，是台风将至了吧。

秋 听 "风"

清风万里

风声变了

胡枝子

走在胡枝子盛开的小路上，

路边铺满了飘落的花瓣，

勾勒出一条淡紫色的线条。

清风万里

秋草细水指

武藏野盖置

清 风 万 里

　　酷暑连绵不断。目光所及，是稽古场壁龛里那幅"清风万里秋"的卷轴。看到这幅卷轴的瞬间，头顶上就好像开辟出了一片秋高气爽的碧空，心情爽朗起来。

　　（秋天到了……）

　　如此说来，确实看到了蜻蜓在公园池塘上方飞舞。

　　有时在水边轻点，有时在池中浮叶上停留。

　　稽古场里，仍然有风声掠过。

　　飒飒飒飒、飒飒飒飒……

　　胡枝子和绳节与被风吹落的树叶擦肩而过，发出唏嘘的声音。

　　风，带来了新季节的告白。

安南写

蜻蜓图案的茶碗。

玲珑小巧，惹人爱怜。

菊香

清香四溢

白菊茶碗

秋野茶枣

打开盖子，

映入眼帘的是秋草遍布的原野。

菊 香

小时候，我不喜欢菊花。

亘古不变地出现在佛坛上，看起来又土气又平凡。当我开始喜爱菊花的时候，已经年过四十了。

秋天，无论在哪里看到菊花，都会毫不犹豫地凑过去闻一闻花香。

菊花的香，很柔和，但又有股能探入鼻腔深处的清新。这种香气，仿佛能冲刷掉眼睛里的疲劳。

如此说来，我听说早在平安时代，曾经有这样一个重阳节习俗。清早，把带着露水的菊花摆放在棉花上，用棉花吸取露水后擦拭身体。这个习俗叫作"着棉"。

近处有户人家，听说他们家以前是农户。秋高气爽的时候，总有各色的小菊花在他们家停车场的一角肆意开放。白色，黄色，紫色……有可能是为了供奉佛堂，特意从田间挖来种在这里的吧。看到这些各色各样的小菊花，总是忍不住驻足观望。

千代菊

重重叠叠的菊花瓣,

透露出美好的纤细。

月旬

从哪里传来的虫鸣声

葛花

秋季七草之一。

月世界
惊人的轻巧，口感松脆，
入口即化。

月旬

空气变得清凛，天空变得高远。

月朗星稀的夜空，透露着冰凉的安宁。秋风吹动秋草，草叶之间传出"嚁嚁嚁嚁"的通透虫鸣声。

以前，武田先生养蟋蟀。蟋蟀的笼子就放在玄关旁边的三和土上。身在稽古中，耳闻庭草间。庭草之间，穿梭着蟋蟀的"吱吱吱吱"声。

偶尔，这声音会不知不觉地停下来。片刻之间，雨水降临。

哗啦啦哗啦啦……

雨水悄悄地，打湿了秋季的小草。

虫子和秋草的描金画中号茶枣

秋实

美味丰收

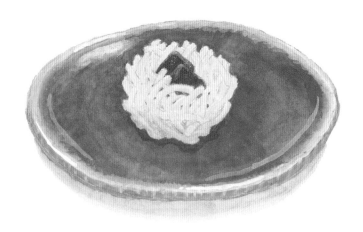

山路之秋

椭圆形茶碗

憨态可掬。

干漆的柿子香盒
栩栩如生的小柿子。

秋 实

季节即将缓慢地迈入冬季，就好像是一场终结前的盛宴，这个时节充满了丰收的喜悦。

葡萄，梨，栗子，柿子……

秋天的果实，如期而至。其中最夺人心魄的，当属当季新米。

大家都停下了户外的活动，把身心都转回到家里尽情享乐。

人，与季节同在。

人，是季节的一部分。

秋风

开 门 以 后 ……

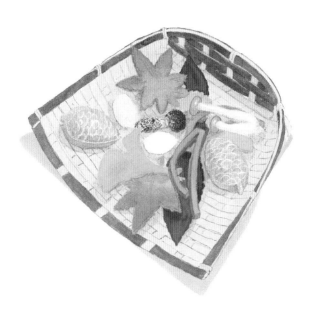

什锦

茶碗的底面，

有一枚金色的红叶。

胡枝子的松笠香盒
松塔一样圆滚滚，
俏皮可爱。

秋 风

稽古场的竹叶门又换回了纸门。

此前，竹门轻透，隐约可见门那边庭院里的景色。现如今，雪白的纸门上只倒映出庭院里柿子树的影子。

这棵柿子树，也不知何时开始变得枝叶萧条，仅有的几片残叶，挂在枝头任凭秋风摆弄。

打开纸门的时候，依然有澄清寂静的光芒，笔直地伸进稽古场草席的深处。

见此光景，内心唏嘘不已。

"晚秋的斜阳啊……"

身边传来这样一声叹息。

每周的同一时间，坐在稽古场里的同一个位置上，感受了一整年光影的变换。

夏至时的日光明媚，坐在门边的时候感觉自己都要被晒化了。时至今日，只能用目光伴随着寂寥柔和的阳光，探寻房间深处的秘密。

"再过几日，就是冬至了吧？"

冬　观"火"

初霜

围炉

纤部茶碗

开炉的时候，

少不了它的登场。

白茶花与树叶

初 霜

又是一年，稽古场开炉的季节。

大家围坐在炉旁，肩并肩。在炉子里，火种就像夕阳一样，散发出橙色的光芒。任谁都会小声赞叹一句："真漂亮……"

新炭陆续被添加进去，仿佛要把火种围绕起来……

空气中升腾起炭和烟的味道，房间里浮现出山中小屋的氛围。

炭点前即将结束的时候，炉子里发出噼啪噼啪的声音，像是干燥的金属在轻轻碰撞。火种踱步到新炭之上，让火势旺盛了许多。在烧炉子的季节，这个声音总能清晰入耳。

"冬天的声音啊……"

不知是谁，这样说。

秋风

名为"秋风",

但造型仿佛就是枯叶披"霜"。

冬至

阳光，终于抵达了房间的最深处

数印茶碗

窥探井口的盖置

冬 至

　　一口气把纸门全部打开，感觉走廊里的冷空气一下子就拥了进来。与此同时，庭院里的斜阳铺满了整个房间。

　　冬天的阳光啊，一寸又一寸地向房间里延伸。今天，终于占领了稽古场的最深处，还攀到了坐在这里的我的膝头。

　　"说来，今天是冬至呢。"

　　一年当中，太阳以冬至为起点，到夏至折返，然后回到冬至告一段落。那么今天，就是太阳的新起点吧。从明天开始，太阳又将踏上新一年的征程。

　　此时，点心盒被搬了出来。

　　"请用吧，大家互相传递一下。"

　　接过传到手里的点心盒，打开盖子的时候，我又一次惊叹出来。

　　"呀，是柚子小馒头！"

柚子小馒头

初学茶艺的时候，

曾经被这款点心的味道感动过。

冬

埋葬在灰烬中的炭火

年 终

倾城的花瓶中，
是白茶花和树叶。

埋火

用黑色和红色表现炭火。

冬

季 节 轮 回 ……

"雪竹"的茶碗

埋葬在灰烬中的炭火

冰柱
放入口中会啪的一声裂开,
转瞬即融。

107

埋葬在灰烬中的炭火

年末的寒潮降临了。

听说在北方，会有大雪飘落。

今天，蹲踞里流淌出来的水声好像要生硬很多，听起来清澈而悠远。

捧起舀出来的水，意料之外的冰凉。赶紧抽回手，握紧了手里的手帕。

但进到稽古场里以后，我好像忽然被蓬松的羊绒包裹了起来，感觉格外温暖。

呼……

釜中回荡着煮水的声音。捏住釜盖，轻轻提起来，洁白的水蒸气急转直上。

"在严严实实的屋子里听松风之声（当地炉的水烧沸时，寂静的茶室里只有开水滚动的声音。茶人会把这声音想象成松风之声，营造一种悠远的心境），真美好啊！"

"所以，我特别喜欢生炉子的季节。"

大家交谈的声音忽高忽低。

"话说回来，明年谁是本命年啊？"

"我——我是本命年。"有一位弟子轻轻举起了手。

按照惯例，新年初釜的时候要由本命年的人进行炭点前。

"荞麦面的外卖应该快到了吧？"

一年里最后的一次稽古日，先生给我们点了荞麦面的外卖，大家都在这里吃跨年的荞麦面（等于中国人除夕吃饺子）。

"我希望，大家明年也能细水长流……"

那天从先生家出来，走在回家的路上，感觉到空气里弥漫着张弛有度的寒冷。岁末的夜空中，猎虎座的三颗星星闪烁着光芒。

后 记

我现在还记得面对茶具第一次冒出"好想画画！"的念头时的场景。

那是开始在茶室学习的第二年，我终于习惯了薄茶的点茶，正准备进入学习浓茶的阶段。

武田先生把装着小小物件的精美布袋放在膝头，打开了袋口的纽扣。先生的手轻抬轻落，宛如要轻解罗裳，然后从袋子里面取出小巧的、历经烧制工艺制作而成的茶壶，放在了水屋的茶案上。

"这是茶入，用来装浓茶的。"

"好漂亮……"

"这个形状的茶入叫作肩冲。你也来摸摸看。"

好像面对一件宝物似的，我诚惶诚恐地伸出手，接过了肩冲。这是一件枇杷色的烧制品，肌理纹路清晰，带给手指铿锵有力的触感。

这不禁让我联想到从海底捞起的瓷坛，表面上覆盖着错落的藤壶。"好像龙宫里的茶杯一样。"我想。

杯口上，有象牙色的小圆盖，好像一顶小小的贝雷帽。

在杯里，有一些略显凹陷的地方，好像特意用拇指按出来的一样。

接下来，我的目光被杯肩处点缀的釉彩吸引了。亚光绿色，散发着糖果般的透明感。

在慢慢融化开的釉彩边缘，我仿佛看到了一丝湖蓝色。

多么美好的颜色……

心动到微痛。

（能让我把它画下来吗？）

凹凸肩冲

但，这是武田先生非常珍视的茶具。

"这可是已经过世的老师留给我的啊！"

茶具身处水屋当中，而水屋墙上的镜框里，正是武田先生的老师——条田先生的照片。伴随着第一壶茶，先生给我讲了这张老照片跟浓茶点茶之间的故事。

武田先生拜入条田先生的门下时，也正好是二十多岁，跟我当时的年纪相仿。对于武田先生来说，条田先生无异于像母亲一样的存在。

这位条田先生说："这个茶入的里面有小凹痕哦。所以，给你吧。"然后这个茶入就成了武田先生的至宝。

一边说着笑着，武田先生的双颊上也出现了深深的笑窝。

其实在包装盒上，一定记载着这款茶入来自哪个窑厂、出自哪位匠人之手，但遗憾的是，包装盒已经遗失不见了。所以在我的心里，一直把它称为"凹凸肩冲"。

那一天，先生就是用这个凹凸肩冲教给我浓茶的点茶法。此后，也有好几十次，在这间稽古室里，我与这个肩冲一起切磋稽古。可是这几年，都没怎么见到过凹凸肩冲……

我说我想借来画画。当我去悬请先生把茶具借给我的时候，"喜欢什么就拿什么吧"，先生一口应承下来。这是先生一直以来的口吻。

《日日是好日》被拍摄成电影的过程中，少不了要向武田先生借来茶具用于摄影。每每此时，先生总是说："现如今，你比我更了解什么东西放在哪里吧。喜欢的话，就拿去用吧。"

大多数从稽古场搬出来的道具，都被电影团队的员工搬上了面包车，几经往返于道场和拍摄地之间。一时间，稽古场的抽屉变得空空荡荡。

"很抱歉给您的稽古场带来这么多不便。"我低头跟先生道歉。"我只要有用的物件就好。这点小事，怎么都能解决。"先生笑笑说。

无论到什么时候，我都得仰视武田先生。

四十几年前的一见钟情。心心念念想落在笔尖，却犹豫要不要为此借出凹凸肩冲，这次，终于让我画了出来。

它啊，还真是美好啊。在触摸到它枇杷色的凹凸质感的瞬间，我仿佛回到了曾经把它联想成"龙宫里的茶杯"时的青葱岁月，再一次遇到了当时当日的自己。

对着它画画的自己，是幸福的。拿着绘具和画笔，用整个身心感受自己的钟爱之物。

这本书里描绘的茶具、点心、花朵，全部都是我的钟爱之物。

文字也好，插图也罢，对象只能是我喜欢的东西。到了这个年纪，我终于慢慢领悟到，自己就是这样的人。年过六十以后，好像这种倾向愈发明显起来。

本书的主体是插图，所以恕我无法呈现出茶室的至尊圣宝——绘图卷轴。

另外，请原谅我跨越了茶道的规则，在插图中省略了花瓶的种类、花台和薄板等物品。非常感谢编辑岛口典子女士和出版社的掘江由美女士，能包容我想把本书做成画卷风格的任性要求。继《日日是好日》《好日日记》之后，本书同样承蒙铃木成一先生的关照，完成了装订。大口典子女士也给予了我很多很多的关怀。

我在篇首语中曾经提到，那段每周都带给我惊喜的稽古经历，完全仰仗于武田先生对茶道的热情。时至今日，我还是这么认为。

稽古之日，造访先生家的时候，有几次家里空无一人。

但门是开着的。玄关处，有一张"请自行练习吧"的便条。

这样的时候，先生一定是坐电车前往银座、日本桥或者北镰仓附近购物去了。

俄顷，先生就会带着笑颜归来，"随便出去走走，买点点心什么的。"然后掏出可爱而美好的点心来。

那时尚无网络和网购，但先生常会前往京都、福井、富山、仙台等地的老铺去购买限时出售的点心。"今天可有好东西啊。"先生一小步一小步走向厨房取东西的背影，时常出现在我的脑海里。

"稽古"，我们这些弟子时常把这个词放在嘴边。但现在想来，其实每周我们都在茶室得到了武田先生的香茶款待。今年，武田先生已经八十八岁高寿了。我们一起聊起那时候的回忆时，先生总是欣喜地笑着说："哈哈哈，对对，好像是那么回事儿。"

"我啊，是真的喜欢茶啊……"

二〇二〇年五月

森下典子

索 引

茶碗

1

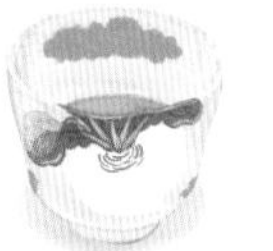

2

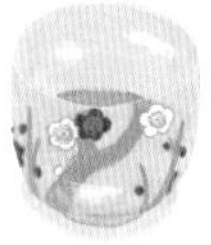

3

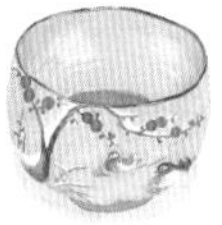

4

5

6

7

8

9

10

11

12

13

14

茶器

（用来盛清茶的茶具）

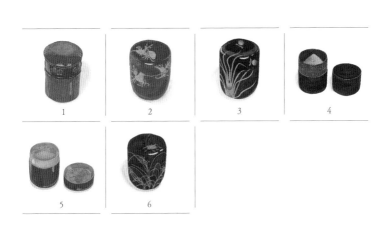

茶入
（用来盛浓茶的茶具）

仕覆
（用来装茶壶的袋子）

1

2

1　第13页

2　第112页

香盒

（用来盛香的容器）

1 2 3 4

5

水指

（用来装水的容器）

1   2   3   4

1　第36页

2　第52页

3　第67页

4　第75页

盖置

（用于放置釜盖或柄勺的器具）

1

2

3

4

5

茶花

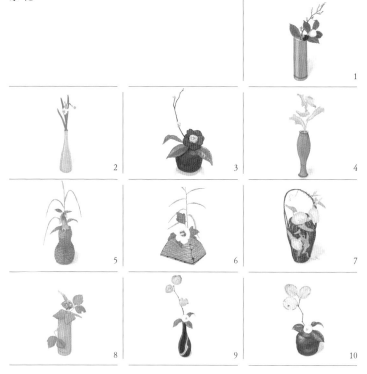

日式点心
（主果子）

1

2

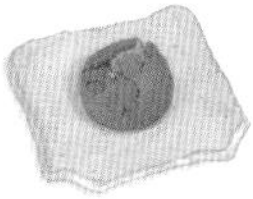

3

4

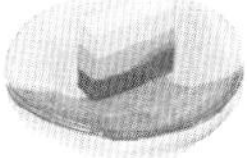

5

6

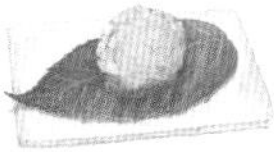

7

8

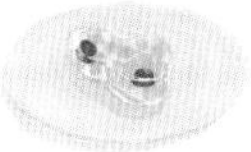

9

10

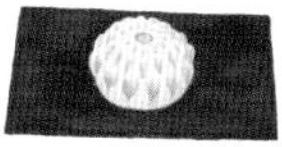

11

12

13

14

15

日式点心
（干果子）

1　　2　　3　　4

5　　6　　7　　8

其他

1   2   3   4

Original Japanese title: KOUJITSU EMAKI
Copyright © 2020 Noriko Morishita
Original Japanese edition published by PARCO Co., Ltd.
Simplified Chinese translation rights arranged with PARCO Co., Ltd.
through The English Agency (Japan) Ltd. and Shanghai To-Asia Culture Co., Ltd.

©2022，辽宁科学技术出版社。
著作权合同登记号：第 06-2021-116 号。

图书在版编目（CIP）数据

好日画卷：茶室的色彩 / (日) 森下典子著；王春梅译 .
— 沈阳：辽宁科学技术出版社，2022.5
ISBN 978-7-5591-2423-4

Ⅰ.①日… Ⅱ.①森… ②王… Ⅲ.①茶文化—日
本—图集 Ⅳ.① TS971.21-64

中国版本图书馆 CIP 数据核字（2022）第 024969 号

出版发行：辽宁科学技术出版社
　　　　　（地址：沈阳市和平区十一纬路25号　邮编：110003）
印 刷 者：辽宁新华印务有限公司
经 销 者：各地新华书店
幅面尺寸：131mm × 188mm
印　　张：4
字　　数：100千字
出版时间：2022年5月第1版
印刷时间：2022年5月第1次印刷
责任编辑：康　倩
版式设计：袁　舒
封面设计：袁　舒
责任校对：徐　跃

书　　号：ISBN 978-7-5591-2423-4
定　　价：39.80元

联系电话：024-23284367
邮购热线：024-23280336